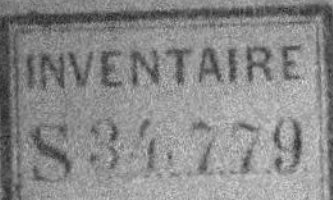

# RAPPORT

AU

# COMICE AGRICOLE

## DE SEINE-ET-MARNE

AU NOM DE LA COMMISSION DE VISITE DES FERMES,

Par le M<sup>is</sup> de TAMISIER.

PARIS

IMPRIMERIE DE DUCESSOIS, 55, QUAI DES AUGUSTINS

1843

RAPPORT

AU

# COMICE AGRICOLE

DE SEINE-ET-MARNE.

# RAPPORT

AU

# COMICE AGRICOLE

## DE SEINE-ET-MARNE,

AU NOM DE LA COMMISSION DE VISITE DES FERMES,

COMPOSÉE DE MM.

SAINTIER DE SIVRY.  AUBERGÉ DE CRAMAYEL,
CHERTEMPS DE ROUVRAY,  FROC DE BERCEAUX,

PAR LE M<sup>is</sup> DE TAMISIER,

Président de ladite Commission.

## PARIS

IMPRIMERIE DE DUCESSOIS, 55, QUAI DES AUGUSTINS,

1843

# RAPPORT

AU

# COMICE AGRICOLE

## DE SEINE-ET-MARNE.

⁂

MESSIEURS,

La commission de visite des fermes, réélue en masse pour cette année, avant d'entrer dans les détails de la mission dont vous avez de nouveau honoré son zèle, se félicite d'autant plus de votre choix, qu'elle y voit la récompense de ses travaux. Grâces vous soient rendues de nous avoir conservé la parole, et permettez-nous d'en consacrer le premier usage au rapide désaveu d'une pensée naturellement étrangère à nos pacifiques occupations.

On a cru découvrir, dans le simple exposé des faits, que notre loyauté vous a soumis l'année dernière une velléité qui ne nous est pas venue. C'est par des rapprochements laborieux qu'on arrive souvent à des considérations intéressantes, c'est en comparant l'utilité relative des différentes dépenses de l'État que l'on met la libéralité à sa place, et, quelle que soit la bassesse des hommes qui ne savent traduire le dévouement que par de fades adulations, nous n'en sommes pas, Dieu merci! à ce point qu'on ne puisse provoquer pour l'agriculture une protection efficace sans mettre en accusation le gouvernement qui nous régit. Lorsque l'honorable général Bugeaud fit la proposition d'augmenter la somme que le budget consacre aux progrès agricoles, ce n'est pas le gouvernement, c'est la chambre qui la repoussa : parce que, là comme ailleurs, on sent que les meilleures intentions ne suffisent pas pour éviter les écueils qui échappent à la théorie, mais qui environnent l'application, parce qu'enfin la question est encore plongée dans les ténèbres dont les sociétés comme la nôtre ont mission de contribuer à l'affranchir. C'est cette mission sacrée que nous avons en vue lorsque nous comparons l'exiguité de la protection accordée par le budget avec les gigantesques développements de la production. Amis dévoués de l'ordre et du bien public, nous n'ignorons pas combien il serait injuste de méconnaître les bonnes dispositions que l'administration, depuis quelques années, témoigne pour l'agriculture; nous ne cherchons qu'à être utiles, qu'à jeter notre goutte d'huile dans les rouages de la machine sociale, et nous demandons qu'on ne nous confonde pas avec les brouillons qui ne verraient dans votre mandat qu'une occasion pour un vain bruit : car ce serait bien mal interpréter notre langage que de ramener nos efforts pour éclairer l'opinion publique aux étroites proportions d'une utopie politique dont le moindre inconvénient serait de ne pas se trouver à sa place.

Après avoir ainsi repoussé une accusation qui ne devait pas l'atteindre, la commission se hâte de se renfermer dans ses attributions en liant à l'observation des faits particuliers celle des circonstances générales qui dominent les intérêts de l'art agricole.

Au milieu des efforts prodigieux que le genre humain accomplit depuis un demi-siècle pour secouer le joug de l'ignorance et de la féodalité, l'agriculture, ce vieux symbole de la civilisation devait trouver son compte; en effet, ses progrès ont été merveilleux chez les nations qui nous touchent par le nord, et nous avons de très-importantes améliorations à signaler en France. Mais, bien qu'en puissent dire les optimistes qui ne manquent jamais de nous féliciter des conquêtes que nous n'avons pas faites, nous nous empressons de reconnaître que, si

nous avons recueilli de l'introduction des prairies artificielles des avantages incontestables, il nous reste, dans
les perfectionnements à apporter aux races de bestiaux
et aux assolements en général, les plus graves sujets
d'étude et d'émulation. Ce n'est pas sur la quantité de
blé obtenue sans relation avec l'étendue de terre cultivée que nous établissons le degré de la richesse nationale,
ainsi que la presse quotidienne en a récemment donné
l'exemple : l'agriculture qui produit autant de pain et
plus de viande, moins de peine et de dépenses, plus d'argent et de loisir pour les soins à donner à l'intelligence
humaine, n'a pas cessé d'être à nos yeux la meilleure.

Que d'autres se fassent les flatteurs du peuple, nous
pensons que nous n'avons pas été choisis pour faire des
compliments aux cultivateurs, mais pour leur dire la
vérité. Nous n'avons pas quitté nos affaires pour brûler
devant vous un encens grossier, mais pour rechercher
ensemble les meilleurs moyens de fertiliser le sol de la
patrie.

Ce qui frappe d'abord ceux qui se livrent à cette re-
cherche, vous le savez, c'est la nécessité d'instruire le
peuple. L'instruction en effet est la première de toutes
les cultures, puisque c'est la culture de l'homme lui-
même, et dès que l'homme est cultivé, dès que l'esprit
humain s'éclaire, cette lumière se réfléchit sur tous les

objets de ses désirs ou de ses besoins, au nombre desquels la production agricole figure en première ligne.

Ainsi on a, depuis vingt-cinq ans, écrit beaucoup de bons ouvrages agronomiques : on a jeté même dans le peuple beaucoup de petits manuels à sa portée qui étaient faits pour lui être d'une admirable utilité : ces ouvrages-là, comme beaucoup d'autres, n'ont point été à leur adresse, parce que, en l'an de grâce 1842, les chiffres officiels de la statistique ont constaté qu'il y avait à peine un trentième de la population française qui sût lire.

Populariser l'instruction est donc un premier service à rendre à l'agriculture.

Il y en a beaucoup d'autres.

Admirez par exemple les nombreux contre-sens qu'offre notre organisation sous le rapport qui nous occupe.

Il y a de par le monde une multitude de colléges et d'institutions où l'on puise à grands traits la science du grec et du latin, des arts et des belles-lettres. On s'est aperçu, depuis une vingtaine d'années, qu'on avait, dans l'enseignement, tout simplement oublié le premier des arts. Plusieurs écoles ont été successivement fondées. Combien de temps s'écoulera-t-il avant qu'elles aient atteint le nombre nécessaire à l'éducation nationale, et amené ainsi la création d'une faculté agronomique destinée à prendre dans nos institutions économiques une place importante? n'a-t'on pas droit de s'étonner que, au jour où nous vivons, l'agriculture ne fasse pas partie de l'enseignement au même titre que les sciences et lettres; que des hommes éminents, désignés par leurs travaux aux suffrages de leurs concitoyens, s'arrangent de laisser sur ce point leur esprit en friche et que la nécessité amène à la tribune de la chambre élective une distinction élémentaire entre les amendements et les engrais? Suffit-il au progrès de la richesse nationale de jeter d'une main avare quelques rares chaires d'agronomie aux quatre ou cinq principales villes du royaume, et pensez-vous qu'il soit bien naturel de placer ces grands intérêts de l'art qui domine tout l'avenir de la fortune publique, soit, comme la restauration, sous la direction de l'administration des haras, qui n'est elle-même qu'un département de l'agriculture en général, soit, comme on le fait aujourd'hui, dans une division du ministère du commerce?

Il semble, dès l'abord, que, le commerce ayant des intérêts distincts et même fréquemment opposés, il est parfaitement illogique et pour ainsi dire peu généreux de lui livrer ainsi l'agriculture, cette mère nourrice de toutes les industries, qui alimente de ses produits et les machines et les ouvriers. Mais, si l'on considère le rapport de la population des campagnes à celle des villes, qui est comme huit est à un, l'importance d'un art qui représente un capital de quatre-vingt milliards, qui en produit annuellement six, qui occupe vingt-cinq millions de travailleurs, il n'y a plus moyen de s'expliquer comment, au lieu de le tenir ainsi dans l'oubli et dans la dépendance, on ne s'empresse pas de créer pour lui une administration séparée, éclairée et qui domine toutes les autres.

Quoi! s'il s'agit d'instruire une question d'agriculture, c'est le ministre du commerce qui nommera la commission chargée d'y mettre la main! et cette commission sera composée comme nous le voyons tous les jours! on y trouvera des magistrats, des officiers de cavalerie, des banquiers, tout excepté des agronomes! Quoi! lorsque nous voyons la chambre des pairs se recruter de toutes les illustrations, admettre en son sein les sommités du commerce, de la banque, les littérateurs, les professeurs, nous ne verrons pas aussi ses portes s'ouvrir pour un cultivateur! un homme, par exemple, comme Mathieu de Dombasle, dont les ouvrages traduits dans toutes les langues, passeront à la postérité avec ceux de Thaër, de Sinclair et d'Olivier de Serres, dont les travaux ont préparé à l'agriculture presque tous les adeptes qu'elle compte aujourd'hui dans les classes élevées, un tel homme sera suffisamment dédommagé de ses veilles par une croix d'officier de la Légion d'honneur, ou par une pension de mille écus ! Non, non : il appartient aux sociétés agricoles de profiter de la bienveillance que leur témoigne le gouvernement pour appeler sur ce grave sujet l'action de sa puissance tutélaire.

Que si nos voisins sont plus avancés que nous, ils ne le doivent assurément pas à la supériorité de leur nature, mais à celle de la protection qui les entoure. La représentation spéciale dans les conseils de l'état, les mesures législatives, les écoles, les fermes modèles, les chaires d'agriculture établies dans les universités, rien ne leur a manqué. L'autorité a versé à pleines mains sur les cultivateurs l'or, la considération et les encouragements de toute espèce. Je ne veux pas compter tous ceux qui nous devancent dans cette voie : qu'il me suffise de dire que nous, justement fiers de notre titre de Français, nous trouvons des exemples à suivre jusque chez des peuples déchus de leur ancien éclat. Tandis que l'on enseigne l'agriculture aux universités de Padoue et de Pavie, que la Toscane et la Lombardie puisent, dans leurs systèmes de culture et d'irrigation, une fertilité merveilleuse, les fils dégénérés des vieux Romains élèvent tous les orphelins dans des instituts agricoles. D'un autre côté, dans un petit état comme le Wurtemberg, qui compte à peine le vingtième des habitants de la France, nous voyons l'agriculture figurer sur le budget pour une somme égale à celle qu'elle reçoit chez nous. Qu'en est-il résulté? C'est que, depuis l'époque où la guerre a remis son glaive dans le fourreau, le Wurtemberg a doublé sa production, augmenté sa population d'un quart, et donné ainsi une solution au grand problème de la science humanitaire, nourrir un plus grand nombre d'hommes et le nourrir plus abondamment.

Et pourquoi, avec une protection égale, n'obtiendrait-on pas en France des résultats équivalents? nous qui avons retrouvé les droits du genre humain, nous qui traînons le monde à la remorque de nos doctrines sociales, pouvons-nous bien nous laisser devancer en agriculture par des nations qui courbent encore la tête sous le joug féodal! Qu'on le sache bien : Si la société française, après avoir fait passer de la religion dans la politique, le grand principe de l'égalité, a cependant admis des exceptions à cette règle, c'est uniquement en faveur des hommes utiles : ce qui appelle, avant tous, ceux qui contribuent aux progrès d'un art qui est le premier intérêt de la patrie.

Parmi les propositions incontestées, il n'y en a point assurément de plus vulgaire que celle-là : il n'y en a point non plus d'une plus rare application.

Depuis Colbert, qui s'honora de donner une impulsion

particulière aux arts et manufactures, le gouvernement de notre pays a cru son devoir de protection aux travailleurs accompli en exerçant cette protection uniquement sur les travailleurs de l'industrie commerciale. Le commerce a en France quarante-deux chambres qui sont nommées par ses notables : il voit en outre, par le choix combiné de ses chambres consultatives et de son ministre, le conseil général des arts et manufactures se composer des hommes spécialement préparés pour la défense de ses intérêts. Se présente-t-il une question qui le touche? à l'instant l'enquête s'en empare, des esprits éminents l'instruisent, y portent la lumière et la conduisent à une solution. L'agriculture n'en est pas là. L'orsqu'on agitait la question vitale pour le sol, du droit d'entrée sur les bestiaux, le ministre du commerce, négligeant même de s'adresser à ce simulacre de direction agricole qu'on a relégué dans un coin de son hôtel, n'hésita pas à charger ses bureaux, si parfaitement ignorants de nos intérêts, de préparer les documents, de grouper les chiffres pour en faire sortir des conclusions dont les hommes compétents ne tardèrent pas à démontrer l'erreur. Où sont les tribunaux, les prud'hommes et les chambres consultatives de l'industrie agricole? elle doit se contenter de cette assemblée qu'on a pompeusement parée du titre de conseil général de l'agriculture : composition administrative, congrès d'individualités honorables assurément, mais sans autorité morale et qui ne représente rien parce qu'il n'a point puisé la vie à la source de l'élection. Depuis le décret de 1802, rendu par le grand homme qui pensait à tout, on n'a rien fait pour placer sous l'égide des lois des intérêts si précieux. L'agriculture est encore aujourd'hui sans organisation, sans moyens réguliers de défense, sans existence légale, conservant dans l'appréciation des rangs sociaux une sorte d'infériorité qui conduit un jour ou l'autre presque tous ceux qu'elle enrichit à l'abandonner comme un métier, où l'on peut trouver la fortune péniblement et la considération jamais.

En vain les progrès les plus extraordinaires s'accomplissent dans les idées, dans les moyens de production, dans les institutions : en vain on brise successivement toutes les entraves de l'industrie humaine, on émancipe tous les intérêts légitimes : le plus légitime, le plus grand de tous, l'intérêt du sol reste encore enchaîné, parce qu'il est éloigné des villes où se font les constitutions, parce qu'il est essentiellement tranquille et casanier, parce qu'il produit une population laborieuse qui aime mieux rester sans murmurer la gent taillable et corvéable à merci que de se détourner de sa charrue pour prendre part aux agitations publiques, ou seulement pour envoyer au pouvoir des hommes qui sachent la représenter.

Mais, dit-on, de quoi vous plaignez-vous? L'État, depuis vingt ans, ne s'est-il pas imposé des dépenses énormes pour creuser des canaux qui facilitent les communications, n'a-t-on pas voté la loi sur les chemins vicinaux qui offre à la culture un nouveau débouché, et la récente adoption de l'amendement de l'honorable M. Darblay dans la loi sur le roulage n'est-elle pas une nouvelle preuve de la sollicitude que l'intérêt agricole inspire?

Nous sommes loin de méconnaître les sympathies qui s'élèvent de toutes parts en faveur de ce premier intérêt du pays : nous leur rendons hommage et nous mettons en elles notre espoir, sans offrir à leur action le tribut d'une approbation invariable. Quant au développement de la circulation par la voie d'eau, c'est assurément un bienfait public dont la salutaire influence atteindra toutes les industries : nous ferons observer seulement que les canaux sont principalement des voies ouvertes au commerce. Il y a bien des canaux dont le service est spécialement applicable à la production agricole, véritables Pactoles, qui roulent avec leurs eaux rafraîchissantes la fertilité des champs et la fortune du cultivateur. Mais l'agriculture n'a pas encore obtenu qu'on la dotât d'un seul de ces fleuves au sable d'or, bien qu'avec peu de dépense, on eût pu lui assurer une production en fourrage assez élevée pour contribuer au résultat si désirable de la baisse dans le prix de la viande. Les canaux prouvent donc pour nous une fois de plus l'inintelligence qui paralyse les bonnes intentions qu'on a pour l'agriculture. Il en est de même de la loi sur les chemins vicinaux, qui est certainement l'une des meilleures des quarante mille lois dont on nous a approvisionnés depuis cinquante ans, mais qui a le tort, à nos yeux, de ne rien mettre au compte de la communauté, de n'emprunter aucune allocation aux fonds généraux du budget et de laisser à la charge de l'agriculture tous les frais du bien qu'elle lui fait.

Cela ne démontre pas que la question agricole soit éclairée d'une bien vive lumière. Mais combien d'autres observations du même genre se précipitent sous la plume des organes de vos commissions, les entraînant à donner à leurs rapports des proportions inusitées que leur zèle, votre bienveillance et l'abondance des faits peuvent seuls excuser!

Ainsi, nous laissons en friche un septième de notre territoire : huit millions d'hectares, aussi vierges que les déserts du nouveau monde, étalent sous le soleil de France leurs landes incultes; cinq cent mille hectares

de marais insalubres versent, en attendant les bienfaits du desséchement, leurs miasmes pestilentiels sur nos populations; près de cinq millions d'hectares, que les ardeurs de l'été brûlent malgré leur situation favorable à l'irrigation, sollicitent la manne et la rosée qui rendront la vie à leurs champs arides et en décupleront la production; et, à côté de tout cela, nous comptons seize cent mille indigents que le code pénal contient à peine, tandis que le travail les rendrait à la société; ainsi voilà cinquante ans que, d'une part, on demande, et de l'autre on promet un code rural, et nous nous faisons un devoir d'adresser une fois de plus au pays et à l'opinion une rapide indication des principaux bienfaits que nous en attendons.

Si le morcellement produit par nos lois sur les successions répand l'amour de l'ordre et de la patrie avec celui de la propriété, il compromet les grands progrès qui, chacun le sait, ne résultent que des grandes cultures. C'est donc une nécessité de l'ordre le plus élevé de constituer légalement les associations de culture et les réunions territoriales qui doivent à la fois conserver ses avantages et remédier à ses inconvénients.

A côté des périls du morcellement, les funestes présents du régime des baux.

On ne sème que pour récolter. Tout le monde comprend qu'un fermier n'arrose pas la terre de ses sueurs pour enrichir son propriétaire; que, dans les dernières années qui précèdent l'expiration de son bail, si la loi, à défaut des habitudes patriarcales et intelligentes qui fleurissent chez nos voisins, ne le protége pas contre l'invasion des concurrents, il doit, au moment de quitter une ferme qu'il a améliorée par de longs sacrifices, chercher, avant de s'éloigner, à lui reprendre les fonds qu'il lui a consacrés et qui sont le patrimoine de sa famille. On sent que cette inspiration vient naturellement détruire le résultat de son travail dans l'intérêt de la société. Aussi voit-on tous les jours des fermes, exploitées sous l'empire de cette préoccupation fatale et légitime, dépouiller, en changeant de cultivateur, le manteau verdoyant des prairies artificielles et, comme ces fortunes mal assises qu'une génération voit naître et mourir, retourner, après avoir jeté le vain éclat d'une amélioration passagère, aux assolements de la misère, à ces céréales chétives sous lesquelles s'abrite à peine leur nudité.

Il y a donc une modification législative à faire aux conditions ordinaires des baux : cette modification se lie essentiellement à tout progrès soutenu de l'agriculture, et il ne faudra pas perdre de vue qu'elle doit avoir pour but de concilier les intérêts de la propriété et de l'industrie agricole : de telle manière que celle-ci retire le légitime fruit de son labeur, sans que la première soit déshéritée des accroissements que le temps apporte à sa chose.

A ces réclamations capitales s'ajoutent celles que font naître les embarras de la vaine pâture, l'usure et ses ravages, l'imperfection du régime hypothécaire, le besoin de capitaux, les ressources à créer au moyen des institutions de crédit agricole dont l'Écosse et la Prusse nous donnent l'exemple, des questions innombrables enfin dont la moindre vaudrait à la France, par sa solution, plus que la conquête d'une province. Tous ces graves sujets de méditation errent à l'aventure, mendiant l'hospitalité dans quelque obscur rapport comme celui-ci et remportant par intervalles les stériles honneurs de la nomination d'une commission dont les délibérations vont mourir dans les cartons du ministère du commerce.

Faites ces observations aux supériorités qui pourraient les prendre sous leur protection ; il s'en trouve qui, malgré les bonnes intentions du gouvernement, vous répondent tout simplement en accusant la lenteur de notre marche et en énumérant les succès comparatifs du commerce et de l'industrie ; puis, comme les divinités d'Épicure, elles se rendorment dans les nuages.

Et pourtant, messieurs, la moindre amélioration en agriculture donne des résultats généraux qui paieraient largement les plus grands sacrifices. *La carrière de la production agricole est si vaste*, c'est M. le ministre actuel de l'intérieur qui l'a dit, *que le moindre progrès amène un résultat immense*, parce que là les quantités se précipitent sous l'action d'un multiplicateur prodigieux. Si, par l'introduction des races étrangères, vous obtenez, par exemple, sur le revenu brut des moutons, une augmentation de deux centimes par tête et par jour, comme cela paraît faisable, vous créez à la France un revenu qui n'est pas moindre de deux cent trente-cinq millions. Si, par l'application du système écossais de saignées à vif fond, vous purgez le sol des eaux qui l'infestent, le chaos cesse, les éléments reprennent leur place, et la moitié du royaume, assise sur un sol imperméable, triple sa production. Si, par la satisfaction donnée aux intérêts agricoles, par la solution qu'un code rural bien médité peut offrir heureusement aux questions que nous venons de poser, vous arriviez, dans le cours de quelques années, à ajouter cinquante centimes à la valeur de la journée dans les campagnes, vous auriez doté d'un revenu d'un milliard vingt-cinq millions d'hommes qui ne demandent qu'à consommer une plus grande quantité des produits de notre industrie :

vous auriez donc créé à la fois un immense débouché à vos manufactures et un accroissement admirable à la richesse nationale.

Gardons-nous de désespérer, messieurs. Car, il n'est pas possible que des améliorations si grandes et si réalisables ne finissent point par déterminer le concours d'efforts destiné à les obtenir. Déjà beaucoup d'esprits éminents se rallient aux doctrines économiques de Sully ; les voûtes du collége de France retentissent des hommages que leur rend un professeur illustre. L'engouement qui nous entraîne souvent dans une imitation irréfléchie des systèmes de la politique anglaise se dissipera : le contraste des conditions sous l'empire desquelles les deux nations vivent se révélera de plus en plus : bientôt il ne se trouvera plus personne pour nier que si, le commerce est le principal instrument de prospérité d'une société insulaire, c'est à l'agriculture qu'un peuple continental, comme la France, doit avant tout demander la force et l'avenir.

Tels sont, messieurs, les vœux et les espérances de votre commission, tel a été l'objet de ses méditations les plus ordinaires pendant le cours des travaux auxquels elle s'est livrée et dont je vais avoir l'honneur de vous rendre compte.

# CULTURES EXPÉRIMENTALES.

Parmi les plus dévoués amis de l'agriculture dans notre département, se présente l'honorable membre de notre société qui nous reçoit aujourd'hui. Placé au premier rang des magnaniers du nord, il ne s'est pas contenté d'initier ces contrées à l'art qui produit la soie, à celui qui déroule ce fil précieux, il a porté dans le vaste domaine de l'art agricole des investigations si laborieuses, si multipliées, que, si nous voulons contenir notre rapport dans les limites que le temps prescrit, nous pourrons à peine indiquer une partie des cultures qui en ont été l'objet.

Céréales, plantes fourragères, légumineuses, textiles, oléagineuses, tinctoriales, rien n'échappe à ses études. Ici, il met en pratique la méthode Jauffret; là, il compose un nouvel engrais; plus loin, il compare le guano à la colombine. Tantôt il introduit une nouvelle manière de greffer le mûrier, tantôt il interroge à la fois trente espèces différentes de graminées, ou bien il tente d'acclimater les jujubiers, les câpriers, les oliviers, qui font la richesse du midi, poursuivant ainsi le progrès agri-

cole dans toutes les directions avec une ardeur infati-
gable.

Parmi les engrais qu'il a expérimentés, il en est un
qui, sur la proposition de votre rapporteur, lui avait été
adressé par le comice, et qui paraît mériter toute votre
attention. Nous voulons parler du *guano*, cette singulière
production qui se trouve accumulée sur quelques îlots
de la mer du sud en quantités si considérables, que, si
l'analyse n'avait pas accusé le produit excrémentitiel
des oiseaux, on aurait pu la prendre pour une combinaison sortie des bouleversements du globe, comme le
charbon de terre ou les bois fossiles. Mais la présence
de l'acide urique saturé d'ammoniaque, celle des autres
éléments, qui composent les déjections des oiseaux,
n'ont pas laissé place au doute; d'un autre côté, l'im-
possibilité d'admettre que des masses aussi prodigieuses
aient été produites par les races ailées qui habitent
ces parages, a conduit la science à attribuer cet engrais
à une autre époque, et à le classer comme *coprolite*, ou
engrais fossile produit par les oiseaux antédiluviens.
Que la science garde la responsabilité de cette opinion;
quant à nous, cultivateurs, nous ne voyons là qu'un
dépôt immense, providentiel, de matière organique animale, où le monde entier peut aller puiser les moyens
de se couvrir de fourrages, de bestiaux et de créatures

humaines. En effet, les expériences faites sur le guano ont constaté une action identique à celle de la poudrette ou de la colombine avec une puissance supérieure. Les Anglais, qui en font venir, depuis quelques années, des cargaisons immenses, observant qu'il s'épuisait promptement, sont parvenus à enchaîner cette rapidité d'assimilation en l'associant au charbon. Lorsque vous aurez vu les résultats qu'il a donnés ici, que vous aurez admiré, par exemple, l'avoine d'Iorck, que sa végétation luxuriante permet à peine de reconnaître, vous penserez que nous ne pouvons trop nous presser de suivre nos voisins dans cette voie. Il est vrai que cet engrais revient aujourd'hui à un prix élevé (**20** francs l'hectolitre); mais ce prix baissera, tant par la combinaison que nous venons d'indiquer que par l'achat sur les lieux et le transport direct : transport qui donnera à notre marine plus d'occupation que le sucre, et qui, loin de faire comme ce produit colonial la guerre à notre industrie agricole, lui apportera des ressources immenses. C'est en effet la pénurie de cette matière organique animale qui enchaîne la production. A mesure que les avantages de la bonne culture sont mieux compris, les engrais sont plus recherchés : partout, depuis quelques années, ils ont éprouvé une hausse rapide, signe certain de la disposition des esprits à mieux apprécier les ressources renfermées dans le sol! A Melun même, vous venez de voir la concurrence doubler le prix des fumiers de caserne, et cette augmentation prouve que nous rendrons à nos concitoyens un service, dont ils seront immédiatement disposés à profiter, en appelant par nos expériences leur attention sur ce nouvel agent de fertilisation.

Frappé de cette pénurie dont nous parlions à l'instant, un simple ouvrier de l'agriculture du midi de la France, Jauffret, a, comme vous savez, tenté d'y suppléer par la création d'un engrais factice qui a pris son nom, et qui, après avoir été mal apprécié, mal défendu, a fini par conquérir une place dans l'estime des agronomes. Pour faire partager cette opinion, ou simplement pour appeler l'attention sur cet auxiliaire, il fallait exposer les moyens de se le procurer. M. Rattier s'en est chargé. Lorsque la commission a visité ses cultures, le 2 de ce mois, la meule Jauffret, formée de stratifications successives de bruyères et de vases, était en construction et s'ouvrait à peine aux arrosements destinés à y porter la fermentation; aujourd'hui, elle est transformée en un engrais actif, et l'on peut, par l'inspection, se convaincre de ce miracle, que chacun, avec les directions de notre hôte, peut renouveler à son profit. Il faut néanmoins, à ce sujet, se défendre des exagérations qui sont si funestes dans la pratique, et nous ne devons point passer outre sans remarquer que, si cette méthode peut être utile à tous, quand on l'applique aux fumiers de basse-cour, ordinairement mal fermentés, elle promet ses principaux avantages aux pays abondants en plantes inutiles comme les genêts et les bruyères. Toutefois, dans les contrées même où ces matériaux manquent, en admettant que, tout calculé, Jauffret ne donne pas l'engrais au-dessous du prix ordinaire, comme la faculté de s'en procurer à prix d'argent est tout à fait exceptionnelle en agriculture, le système qui peut en vendre dans toutes les situations est encore une ressource précieuse.

Parmi les semis d'expériences entrepris par M. Rattier, plusieurs, comme le seigle multicaule, l'orge nampto, l'avoine d'Iorck, l'avoine de Hongrie, ont obtenu un véritable succès : beaucoup, au contraire, comme le trèfle hybride, la spergule géante, le kinoa blanc, ont tout à fait manqué. Il ne faut pas pour cela se hâter d'admettre les uns ni de condamner les autres. Avant qu'une expérience soit décisive, elle doit être plusieurs fois répétée en tenant compte du terrain et des circonstances atmosphériques, ainsi que de la qualité même des graines dont la loyauté du commerce n'est pas toujours un sûr garant. On peut au moins dire des cultures expérimentales de M. Rattier, qu'elles sont de nature à encourager ceux qui voudront profiter de ses travaux sous l'empire des circonstances particulières qui dominent leur exploitation. Mais ce que l'on peut proposer avec assurance à l'imitation de tous ceux qui peuvent cultiver le mûrier, c'est la magnanerie, déjà honorée de votre médaille d'or.

Ce bel établissement, qui tire ses ressources de trente-deux arpents de mûriers, qui pourra bientôt élever cinquante à soixante onces de graines, qui s'est approprié tous les progrès de l'art, grâce à une direction éclairée, à une ventilation bien entendue, ne connaît ni les éducations manquées, ni les ravages de la muscardine, et promet à son habile fondateur un intérêt de vingt-cinq pour cent de ses capitaux. S'il est bon pour un cultivateur d'avoir toujours devant les yeux les naufrages qui doivent le rendre prudent, il ne faut pas non plus qu'il perde de vue que l'agriculture réserve à l'ordre et au travail de riches récompenses. M. Rattier peut offrir dans sa magnanerie un heureux exemple de cette vérité; mais, avant de vous retirer, vous pourrez en trouver un de plus dans la ferme qui tient à son habitation.

Elle était louée 2,500 francs, il y a trente ans, à un homme qui n'y pouvait pas faire ses affaires : un autre fermier est venu, qui, n'ayant d'autre fortune que son intelligence, l'a prise au prix de 3,000 francs, y a élevé onze enfants, dont quatre sont convenablement établis, et qui, après avoir bien payé son fermage, porté à 6,000 francs, s'est retiré avec une honorable aisance. A quoi est dû ce beau succès? à la docilité avec laquelle il a profité des bons conseils qu'il trouvait auprès d'un propriétaire éclairé, aux prairies artificielles dont il a le premier recueilli les bienfaits.

Ne quittez pas non plus ces lieux sans examiner les coteaux qui nous entourent. Frappés de stérilité, ils n'offraient à l'œil qu'un terrain dépouillé de toute végétation : une main expérimentée a fouillé leurs flancs pour en retirer les pierres qu'attendait une destination utile, et enrichi leur sol profondément défoncé par des plantations de mûriers. Du travail pour les ouvriers, des matériaux pour la construction des voies de circulation, des vergers à la place des friches, un produit que M. Rattier estime entre deux et trois cents francs l'arpent, tel est le résultat de cette opération et la récompense d'un travail intelligent.

# DESSÈCHEMENTS DE BALLOY.

Nous avons en France, avons-nous dit, un septième de notre territoire dont le produit est nul ou à peu de chose près; et, parmi les terrains qui se trouvent ainsi abandonnés, il en est beaucoup qui n'attendent qu'un faible secours de l'industrie pour se couvrir de récoltes. Le propriétaire du château de Balloy nous fournit une preuve à l'appui de cette assertion.

Un marais communal, dont la vaste surface n'embrasse pas moins de quatre cent trente hectares, étendait sur les rives de la Seine ses eaux dormantes et insalubres à travers lesquelles les riverains envoyaient leurs bestiaux paître laborieusement quelques maigres herbages. M. de Balloy, pour se délivrer de ce maussade voisinage, conçut un projet d'assainissement. Appuyé sur la loi de 1807, il a soumissionné cette entreprise, qu'il a conduite à sa fin en moins de six mois.

Le mal se produisait de deux manières : d'une part, les eaux contenues dans le sol manquaient d'écoulement, de l'autre, la rivière s'était créé des brèches par où, dans les grandes crues, elle envahissait le terrain. Quelques endiguements ont suffi pour repousser ces invasions funestes et forcer la Seine à suivre son cours sans désoler cette partie de ses rives. Quant aux eaux provenant du sol, elles suivent docilement la pente indiquée par le niveau, dans des canaux qui s'étendent, sans tenir compte des fossés et rigoles, sur une longueur de sept kilomètres et demi, et, désormais impuissantes à nuire, elles forment un nouvel affluent de la rivière, où elles versent incessamment leur tribut. Ainsi les éléments se divisent pour obéir aux lois de la nature, les terres délivrées ouvrent leurs pores aux influences de l'atmosphère, et la verdure dont elles se couvrent annonce qu'elles doivent une nouvelle vie au demi-dieu qui a débrouillé ce chaos.

Il semble qu'un si beau travail, auquel la loi accorde les trois cinquièmes de la plus-value qu'il a procurée au sol, pourrait encore compter sur la reconnaissance des communes voisines qui tiennent de lui, avec l'accroissement de leurs ressources, la salubrité de l'air qu'elles respirent : il n'en est rien.

L'amour de la propriété, qui aveugle nos communes, leur fait toujours considérer toute intervention étrangère dans leur misérable administration, comme une usurpation. Ne leur dites pas qu'elles gagnent un produit réel, elles ne veulent voir que l'étendue qu'on leur enlève. Aussi pouvez-vous compter que les conseils municipaux voteront contre l'opération, que les habitants en masse adresseront, au gouvernement et au ciel, des vœux pour qu'elle manque, et que le succès même les trouvera, non pas confus et repentants, comme des hommes qui se sont trompés, mais incrédules, malveillants, irrités, comme des malheureux qu'on opprime.

Tout cela n'a pas manqué à M. de Balloy. Il lui a fallu lutter contre les éléments et contre ses voisins qui, à l'heure où nous vous parlons, dégradent, par tous les moyens légaux, les travaux si heureusement accomplis, entravent, comme des génies malfaisants, le cours rendu aux eaux, et maudissent de tout leur cœur l'auteur de la richesse qui les attend.

N'est-ce pas là le cas, tout en rendant hommage au sentiment d'équité qui a inspiré le gouvernement de notre pays dans la question des communaux, de lui rappeler que le respect qu'il montre à ce sujet, pour la propriété, est aussi contraire à l'esprit que conforme à la lettre de la loi? Car le législateur a entendu, sans doute, protéger le développement de la richesse publique. Il n'a pas voulu frapper de stérilité, jeter dans l'interdit une partie du royaume et, à ce point de vue, on ne peut raisonnablement contester que le gouvernement n'ait pas reçu pour première mission de protéger l'intérêt général contre les inspirations égoïstes des particuliers, soit isolés, soit réunis en corps de commune. Il n'y a pas de propriété qui doive tenir tête à l'utilité publique. Il n'y a pas d'arguments, tant spécieux soient-ils, qui ne s'inclinent devant la nécessité qu'il y a pour une société intelligente de vivre par le travail et d'adopter une solution qui, tout en enrichissant le propriétaire malgré lui, permet à un septième du territoire de s'ouvrir à la culture et à la production.

Sous l'influence de ces considérations, nous avons pensé que M. de Balloy avait accompli une œuvre d'autant plus utile qu'elle peut être immédiatement imitée, avec avantage, sur la rive opposée de la Seine, où plusieurs millions d'hectares languissent sous la domination des eaux stagnantes. Elle portera sans doute avec elle une large indemnité, mais elle doit être honorée par un de ces témoignages publics qui plaisent surtout aux nobles cœurs, et leur apportent les plus réels dédommagements de leurs efforts et de leurs tribulations.

En conséquence, la commission, par l'intermédiaire de M. le président du comice, que son zèle avait conduit sur les lieux, a sollicité et obtenu de M. le ministre de l'intérieur, une médaille d'or à titre de récompense spéciale à décerner à M. de Balloy.

Ici semblerait devoir se borner notre tâche chez cet homme respectable; nous ne voulons cependant pas le quitter sans rappeler que nous avons trouvé chez lui, en plein exercice, le hache-paille, qui a fait la base de la prospérité agricole de l'Allemagne, instrument que nos cultivateurs connaissent bien, mais auquel ils ne demandent pas tous les services qu'il pourrait leur rendre. On a constaté bien des fois que le fourrage acquérait, par son emploi, un accroissement de puissance nutritive, un quart, suivant les uns, un tiers, suivant les autres. M. de Balloy obtient, avec le hache-paille, une économie de trente pour cent sur la nourriture de ses chevaux, défalcation faite de la main d'œuvre. Ainsi les animaux qui recevaient autrefois chez lui trois bottes de foin, se trouvent aussi bien entretenus aujourd'hui avec deux bottes d'un mélange de foin et de paille hachés, dans la proportion d'un cinquième pour ce dernier fourrage.

Quand on pense qu'aux prix où se maintiennent les fourrages depuis plusieurs années, une économie si facile à réaliser ne représente pas moins de deux mille francs pour la plupart de nos fermiers, c'est-à-dire le tiers de leur fermage, l'éducation de leurs enfants, le bonheur de leur ménage, on ne peut s'empêcher de leur recommander une fois de plus le hache-paille.

# FERME DES JOIES.

Il n'y a qu'un an que cette terre appartient au propriétaire actuel, et déjà elle ressent l'influence d'une direction éclairée. Elle se compose de quatre-vingt-quinze
hectares, et ne reconnaît pas encore les lois d'un assolement régulier, dont le temps et l'observation peuvent
seuls déterminer le choix. Placée à la porte de Melun,
elle trouve dans cette situation, des moyens de fertilisation qui lui permettent de se contenter d'un petit
nombre de bestiaux. C'est ainsi qu'elle suffit à la culture de champs étendus, peu favorisés de la nature, avec
neuf vaches et six chevaux, qu'elle forme à la fois ses
bergeries et prépare ses granges à recueillir une des
moissons les plus abondantes qu'offriront cette année
les meilleures terres de la Brie. Circulant dans les sen-
tiers que la culture laisse à travers les champs emblavés,
nous disparaissions à plaisir au milieu des épis et, bien
qu'il faille faire la part des avantages que la température
de l'année a donnés aux terres de cette nature, nous
devons rendre hommage à l'industrie qui, sous l'inspi-

ration de l'honorable M. Gérin et par les soins laborieux de M. Teinturier, son régisseur, s'est heureusement combinée avec les faveurs de la saison.

C'est, comme nous l'avons dit, à la faculté de se procurer des engrais que ce succès se rattache. Au nombre de ceux qu'a employés M. Gérin, se trouvent deux espèces de poudrettes, celles de Melun et celles de Montfaucon, dont les résultats comparés confirment assez l'opinion générale des cultivateurs, ne laissant aucun doute sur la supériorité de la seconde. Au reste, les soins vigilants, avec lesquels le propriétaire recueille les vases et les formations tourbeuses qu'il trouve à sa portée pour les stratifier avec la chaux, les matières végétales et animalisées, le mettront, dans un avenir prochain, en état de substituer à toutes les poudrettes du commerce, dont la sincérité est souvent suspecte, celles de sa fabrication.

Mais nous ne pouvons quitter ce naissant établissement sans signaler les réflexions qu'il fait naître sur l'importance des soins à donner à la constitution du sol, premier objet des méditations de tout cultivateur éclairé.

La culture de la terre des Joies trouvait son principal obstacle dans l'imperméabilité du sol et la stagnation des eaux qui en résultait ; vainement le laboureur arrosait le sillon de ses sueurs, vainement il donnait à ses terres cultivées avec soin une fumure convenable, il avait souvent la douleur de voir ses blés rouir et disparaître sous l'influence délétère de l'humidité. Des fossés nombreux et profonds, quelques rigoles souterraines pratiquées avec intelligence par le précédent propriétaire ont produit, sous ce point de vue, un intéressant progrès et ouvert à M. Gérin les voies d'amélioration dans lesquelles il entre aujourd'hui.

Nous nous arrêtons d'autant plus volontiers sur ce point qu'il est d'une haute portée pour la Brie et pour la France en général, dont une très-grande partie est, comme nous avons déjà eu occasion de le dire, assise sur un sol imparfaitement sain ou totalement imperméable. Lorsque nos capitaux et notre éducation agricole nous permettront d'en venir à un système raisonné d'assainissement, dont la terre des Joies ne donne qu'une faible idée, et dont l'Écosse offre un modèle complet, nous produirons des résultats qui seront aussi supérieurs à ceux obtenus aujourd'hui que la division des éléments l'emporte sur leur confusion, que l'ordre l'emporte sur le chaos.

# FERME DE LUGNY.

M. Dauthier, qui dirige cette exploitation, s'impose
de grands sacrifices pour la conduire dans des voies
prospères. C'est à lui qu'on doit l'empierrement du che-
min, long de six cent cinquante mètres, qui conduit de
la route de Brie à l'habitation, et les nombreux travaux
d'amélioration du fonds que nous avons remarqués.
Pour une étendue de cent soixante-huit hectares, il ne
compte que trois cent cinquante moutons et vingt-six
têtes de gros bétail : mais nous nous empressons d'ajouter que son assolement n'en souffre pas, parce qu'il pro-
fite de sa position pour faire des acquisitions d'engrais
dont le prix annuel s'élève à 7 ou 8,000 francs et dont
la favorable influence rétablit l'équilibre. Parmi ses récoltes qui sont généralement belles, nous avons vu avec
plaisir plusieurs arpents de racines dont la bonne culture annonce une direction intelligente.

Nous croyons à l'avenir du fermier de Lugny; il a le
bonheur d'être attaché à un propriétaire bienveillant,
qui ne recule pas devant une dépense de 50,000 francs

pour l'amélioration des bâtiments de sa ferme, et comme un seul obstacle, la briéveté du bail, pourrait compromettre les hautes destinées de cette exploitation, comme, d'un autre côté, un cultivateur plein de zèle, de courage, de dévouement à sa noble profession, et un propriétaire qui sait le prix de l'ordre et du travail, ne peuvent manquer de s'entendre, nous avons emporté l'espoir de voir bientôt l'agriculture couronner leurs efforts.

# FERME DE MONTEREAU.

Le chef de cette exploitation appartient à la famille Garnot, nom cher à l'agriculture. Terres généralement fertiles, bâtiments considérables, situation heureuse, bail trop court pour que le fermier puisse s'abandonner sans péril aux inspirations de son zèle pour l'agriculture, tels sont, en peu de mots, les principaux traits qui peignent cette belle ferme.

Elle s'étend sur deux cents hectares et compte onze chevaux, vingt-cinq vaches et quatre cents moutons; son assolement, qui est quadriennal, se partage en blé, trèfle ou luzerne, avoine et jachère en partie cultivée soit en fourrages printaniers, soit en plantes sarclées. Nous avons vu des cultures de cette dernière espèce qui nous ont paru bien faites et qui seront sans doute assez productives pour obtenir l'an prochain un peu plus de terrain.

M. Garnot, qui est un homme plein de modestie, ne nous a pas dit en nous montrant sa vacherie, toute l'habileté avec laquelle cette partie de l'exploitation est conduite. Mais nous savons que toutes ses vaches sont achetées suivant les indications de la méthode Guesnon, qui est familière à madame Garnot. Cette méthode, accueillie dans le principe avec défiance, comme tout ce qui est nouveau, a reçu aujourd'hui la sanction de l'expérience; on sait qu'elle est le résultat d'une ingénieuse observation, et que, facile à saisir, elle peut être d'une très-grande utilité en Brie, où un grand rôle appartient à la laiterie. Nous ne pouvons quitter cette exploitation sans faire des vœux pour que son respectable chef contribue à répandre parmi nos cultivateurs cette intéressante découverte.

# FERME DE BERCEAUX.

Le cultivateur émérite qui exploite Berceaux faisant partie de votre commission, a dû renoncer momentanément aux fonctions dont votre confiance l'avait investi pour subir le jugement de ses pairs. Il ne s'agissait point de savoir si sa culture était bonne, puisque vous l'avez déjà couronnée : nous n'ignorions pas que nous allions visiter un établissement où l'industrie donne la main à l'agriculture, une des premières exploitations de Seine-et-Marne ; mais il avait paru utile de constater les progrès accomplis par notre honorable collègue et d'appeler de nouveau l'attention publique sur ses intéressants travaux.

Ce qui nous a premièrement frappés à Berceaux, c'est la médiocrité du sol comparée à l'art du cultivateur. Obtenir de bonnes récoltes dans des terres grasses et fertiles, c'est ce que toute intelligence ordinaire peut faire ; mais dompter la résistance de la nature, faire jaillir d'un sol rebelle une source abondante de récoltes, de manière à fournir à la fois le marché de céréales et de racines, de sucre et de soie, c'est l'œuvre d'un esprit supérieur.

A la base du système de culture de M. Froc se trouve le développement donné aux moyens de nourrir la terre. Les acquisitions d'engrais, que sa proximité de Melun lui a permis de faire, ont amené chez lui la culture des racines; les racines, en augmentant le nombre des bestiaux et la quantité des fumiers de basse-cour ont décidé la prospérité de l'établissement. Les boues de la ville, stratifiées avec les herbes inutiles, les cendres de la fabrique de sucre et les terres franches apportent chez lui un auxiliaire puissant à la masse des fumiers, qui obtient elle-même par une fabrication raisonnée une augmentation importante. Aussi les ressources de sa culture lui permettent de se livrer au commerce du lait, à l'engraissement des moutons et à l'élève des chevaux, industrie lucrative, quoi qu'on en dise, pour tout cultivateur qui produit la nourriture à bon marché et trouve des poulinières dans ses bêtes de travail.

L'activité de M. Froc ne rencontre pas, du reste, un aliment suffisant dans les soins de la culture ordinaire. Il fait invasion dans toutes les industries agricoles en même temps. Il fait du sucre, il fait du noir animal, il va faire de la soie, il arrache les grés et les taille en pavés, pour adoucir la pente de ses chemins, il tranche ses collines de sable, et à travers les rochers dont elles sont semées, vous verrez s'élever de jeunes mûriers et des asperges, dont les proportions gigantesques mériteront l'estime de Chevet. Il est vrai que vous verrez aussi à la maison une femme dévouée, qui ne se contente pas de *filer de la laine*, et qui donne sans réserve à son mari cette habile coopération dont il faut tant désirer le bienfait dans toute entreprise agricole. Alors vous tàcherez de comprendre, par ce moyen, comment, avec des terres médiocres, avec des capitaux bornés, M. Froc a pu adjoindre à tant de choses menées de front cette industrie sucrière qu'on a eu tant de mal à créer, qu'on a eu tant de mal à détruire et dont tout le monde peut saisir à Berceaux le rapport naturel avec le travail des champs.

En nous occupant de cette question des sucres, c'est au peu de connaissance des intérêts agricoles que nous avons attribué la confusion où elle est tombée, et le triste résultat où elle est venue aboutir. Quoi de plus simple, en effet, que de répondre aux plaintes des colonies en leur faisant voir la cause de leurs souffrances, non dans une supériorité inattaquable des betteraviers, mais dans leur propre inaptitude à profiter de leurs avantages naturels, dans la grossièreté même de leurs procédés, dans l'immobilité de leur système de fabrication, insensible aux progrès de la science, sourd aux inspirations de l'industrie moderne ! Il ne fallait pas condamner le sucre de betteraves à la torture et à la mort, il fallait s'approprier ses découvertes ! En se plaçant sur ce terrain, on n'avait plus qu'une question de concurrence ; on encourageait les colonies en les affranchissant des règlements vexatoires sur les sucres blancs, terrés ou raffinés. Par une production plus abondante et dégagée des entraves du fisc et de l'ignorance, on préparait aux colons un revenu plus élevé, aux indigènes une lutte raisonnable, au peuple le développement par le bon marché d'une consommation qui adoucit sa misère, et à l'agriculture une variété d'assolement qui est une des conditions de la fertilité du sol.

En effet, tandis que la ferme de Berceaux vend ses produits à la fabrique de sucre, la fabrique, à son tour, fournit aux bestiaux par ses résidus une nourriture précieuse. Elle attache à son manége une pompe, une machine à battre, un hache-paille, un mécanisme à mélanger les mélasses avec le fourrage haché, et paie ainsi largement l'hospitalité qu'elle reçoit.

En présence de tant de travaux auxquels, à une autre époque, vous avez décerné votre médaille d'or, la commission a été unanime pour appeler sur M. Froc de Berceaux une récompense qui pourrait honorer en lui la profession qu'il exerce. Elle place cet humble vœu sous la protection du premier magistrat du département avec la confiance commandée par les sympathies qu'il vient d'exprimer.

# FERME D'ÉPRUNE.

Lorsque nous annoncions, l'année dernière, que le jeune fermier d'Éprune continuerait son père et ne tarderait pas à se placer au premier rang des cultivateurs de cet arrondissement, nous ne pensions pas qu'il nous donnerait si tôt raison et marcherait d'un pas si rapide à des résultats dans une carrière dont les entreprises sont de longue haleine. C'est néanmoins pour nous un succès d'amour-propre de trouver chez lui tant de choses à louer. Aux champs, nous avons vu des récoltes abondantes, des céréales, des prairies artificielles à souhait, des betteraves, des carottes, des pommes de terre hâtives croissant à l'envi, des essais intelligents sur le maïs et sur le seigle multicaule, des bas-fonds improductifs convertis en prés permanents, des assainissements par rigole en glacis sur une étendue de sept cents mètres. A la maison, nous avons trouvé des instruments perfectionnés, le hache-paille, la nourriture des bestiaux par le mélange des betteraves en tranches au fourrage haché, une herse nouvelle, sans nom de fabricant, mais dont M. Dutfoy se loue beaucoup et fera connaître avec plaisir l'application; des animaux remarquables, parmi lesquels le plus beau troupeau de vaches flamandes que nous ayons rencontré dans le cours de notre visite, une cour et des bâtiments tenus avec propreté, en général enfin une grande partie de ce qui conduit à une culture soignée et supérieure.

Votre commission, après avoir mûrement examiné l'ensemble de cette exploitation, dont cependant elle ne trouve pas toutes les parties irréprochables, s'est confirmée dans l'opinion que M. Dutfoy est un de ceux qui méritent d'être encouragés, parce qu'ils ont en eux de de quoi faire honneur à leur pays, et elle vous propose de lui décerner la médaille d'or.

# FERME DE LADY.

M. Chrestien, qui exploite cette belle ferme, nous a dit avec simplicité qu'il n'était pas riche lorsqu'il vint s'y établir. De plus, les grandes pertes qu'il a éprouvées lors de l'invasion, l'avaient mis à deux doigts de sa ruine. Mais la terre elle-même n'était guère mieux partagée; car, parmi les prédécesseurs de M. Chrestien, aucun n'avait pu achever son bail. Aujourd'hui, trente-trois ans se sont écoulés, il est vrai, mais la ferme de Lady se couvre des plus riches moissons, et son heureux directeur n'a rien à envier aux principaux cultivateurs du pays. Et voilà comment l'agriculture récompense l'ordre et le travail.

Cette terre qui s'étend sur deux cent cinquante hectares est soumise à l'assolement quadriennal, mais ne laisse qu'un petit espace à la jachère nue. Elle nourrit trente-deux vaches, quarante chevaux ou poulains, et un troupeau de huit cent cinquante bêtes ovines. L'élève des chevaux que M. Chestien suit depuis longtemps avec succès, lui a valu de nombreux encouragements, parmi lesquels des médailles dont le chiffre merveilleux atteint cinquante et un, et dont l'honneur doit survivre à celui qui les a méritées. Nous ne nous étendrons pas sur les qualités des chevaux qu'il produit, parce que tout le monde les connaît et sait apprécier en eux la vigueur unie à la légèreté : mais nous constaterons ici une observation importante qu'il nous a autorisés à publier, à savoir que le prix de revient de ses élèves, tous calculs faits, tous frais prélevés, monte à 625 fr. par tête, et le produit de la vente à 750 fr. Nous appelons donc l'attention des cultivateurs sur le bel exemple que leur a donné M. Chrestien, les invitant à cultiver cette branche importante de la production nationale à mesure que les prairies artificielles et les racines viendront augmenter leurs ressources.

Après les écuries de M. Chrestien, sa vacherie excite encore un vif intérêt, tant par sa bonne tenue, que par la beauté des bêtes qui la peuplent. Nous avons aussi remarqué des croisements de porcs anglais et normands qui constatent un progrès vers l'une de ces races heureusement douées, que nos voisins ont su dès longtemps approprier à leurs besoins.

Nous avons regretté que la culture des racines ne fût pas chez M. Chrestien en harmonie avec le besoin qu'un éleveur a de leurs produits : nous sommes convaincus, et l'habile fermier de Lady partage notre opinion, qu'il gagnerait beaucoup à l'introduction de quelques aides mécaniques comme la machine à battre et le hache-paille; mais les nombreux services qu'il a rendus à l'agriculture, les succès multipliés qui ont déjà révélé ses facultés supérieures, le savoir agricole qu'atteste la splendeur de ses récoltes déterminent votre commission à vous proposer de lui décerner *la première mention honorable.*

# FERME DE GRANDPUITS.

Nous ne répéterons pas les détails dans lesquels nous sommes entrés l'année dernière sur cette grande et belle exploitation. Nous n'y avons pas trouvé beaucoup de changements sous le rapport des bestiaux qui sont toujours bien entretenus et à peu près dans le même rapport avec l'étendue de terres cultivées.

Mais son honorable chef nous a semblé mieux disposé à suivre les voies dans lesquelles vous êtes chargés de conduire les cultivateurs. Ses piliers de fonte, destinés à soutenir une meule à l'anglaise, n'attendent que la moisson pour recevoir de l'emploi, ses champs vont s'ouvrir à la culture des racines ; nous avons même déjà vu quelques lignes de betteraves jetées sans doute comme essai non loin d'un beau champ de carottes appartenant à M. Garnot de la Salle.

Déjà M. Frédéric Garnot, qui conçoit vite et qui exécute de même, annouce l'intention de se livrer à la culture du lin, et, loin d'avoir, comme vous voyez, à stimuler son ardeur, nous avons cru devoir la modérer :

Car, en exceptant les circonstances particulières et les terres privilégiées par la nature, cette culture, la plus riche de toutes, mais qui absorbe tout l'engrais d'une ferme et ne produit que de l'argent, n'appartient qu'à une condition avancée, comme celle du nord, où l'engrais surabonde. D'un autre côté le fermier de Grand-puits a entrepris, par amour de l'art plutôt que par spéculation, une opération assez difficile en culture, l'élève des béliers. Il s'est livré à des essais comparatifs sur le produit des grains, comme aussi sur l'utilité de l'engrais Lainé, contre lequel son expérience fournit un nouvel arrêt.

Considérant donc à la fois la beauté de ses récoltes, la bonne tenue de ses troupeaux et de ses cultures, les dispositions qu'il témoigne en faveur du progrès auquel il peut rendre les plus grands services, sa comptabilité, qui, sans être dans les conditions désirables, annonce l'amour de l'ordre, source de tous les succès en culture, la commission vous propose de décerner *la seconde mention honorable* à M. Frédéric Garnot.

De l'examen réfléchi des cultures qui lui ont été soumises, comme aussi des différents faits agricoles qui éclatent à tous les yeux, votre commission a tiré les considérations suivantes :

1° La fabrication des engrais est encore loin du point où elle peut être portée. Pour éviter les ravages d'une fermentation trop active, on a noyé le fumier dans des mares profondes, ordinairement creusées à la porte même du cultivateur, et de manière à désoler son habitation par des émanations insalubres ; à cette première faute, on a joint celle d'abandonner à lui-même le purin qui coule de ces mares. Cependant la science reconnaît que, par l'excès de l'humidité, le fumier tombe en pourriture et perd une grande partie de ses principes fertilisants : elle lui assigne un emplacement à l'abri des eaux pluviales où il puisse, en baignant sa base dans le purin, profiter de l'action salutaire de la capillarité, sans tomber dans la décomposition. La pratique indique en outre toute la puissance des jus qui s'écoulent des fumiers. Si le cultivateur, qui entretient seulement l'équivalent de vingt-cinq têtes de gros bétail, savait que ce filet d'eau impure, qu'il voit avec indifférence s'échapper de sa mare à fumier, peut donner deux cents hectolitres de purin par an, et faire pousser plusieurs milliers de fourrage, il est probable que sa première pensée serait de le recueillir avec soin, et la seconde de regretter tout ce qu'il a laissé perdre ainsi. Il y a donc une réforme urgente à faire dans cette partie : ceux qui s'en occuperont ne devront pas oublier de choisir pour leur dépôt de fumier un lieu écarté; car, tout en améliorant ses produits, il est bon de purifier l'air qu'on respire; quand on a besoin de faire le bonheur d'une femme riche, il ne faut pas l'éloigner par des abords repoussants : lorsque la maison du cultivateur sera placée, comme chez nos voisins, de manière à lui laisser une surveillance facile avec une habitation saine et agréable, il pourra plus aisément s'allier aux classes favorisées par la fortune, et l'agriculture aura plus d'espoir d'attirer les capitaux et l'intelligence.

2° Les manipulations du fourrage et des grains, qui en augmentent si notablement, la puissance nutritive, sont généralement inconnues ou restées à l'état de théorie. On donne à peu près partout aux bestiaux leur nourriture comme la nature l'a produite, sans y rien

ajouter par l'industrie. Cependant le hache-paille,
comme nous venons d'en voir une nouvelle preuve chez
M. de Balloy, procure sur le fourrage une économie
d'un tiers : les grains concassés donnent une autre économie qui n'est guère moindre, et l'on peut s'en convaincre par la quantité de ces aliments qui traversent,
intacts, les organes digestifs des chevaux : des balles
de grains, des gousses de farineux, des siliques de colza,
ou simplement des fourrages secs quelconques que l'on
fait hacher et qu'on ramollit dans l'eau bouillante, en y
joignant des racines cuites, des tourteaux ou du son,
voilà tout le secret de ces fameuses soupes avec lesquelles la Flandre double la production du lait ou la rapidité de l'engraissement. Tout le monde sait enfin que
l'Allemagne emploie depuis quelques années, avec le
plus grand succès, par l'application de la fermentation
aux fourrages et aux racines, une méthode qui, à une
grande simplicité d'exécution, joint l'avantage d'exciter
l'appétit des animaux et de développer tous les principes nutritifs de leurs aliments. Tout le monde sait
cela, mais beaucoup le négligent et s'arrangent mieux
de marcher dans l'ornière. On trouve plus simple de livrer à la vente le superflu de ses fourrages, et d'en faire,
c'est l'expression consacrée, de l'argent. Aussi dit-on
que la Brie n'est pas un pays d'élève, et cela en présence de M. Chrestien, qui, ne profitant point de ces di-

verses ressources, élève pourtant avec avantage le plus difficile de tous les animaux. Si le cultivateur pratiquait l'art d'augmenter la valeur nutritive de ses fourrages, la comptabilité lui aurait bientôt dit que, hors les cas exceptionnels, et sous la protection d'un long bail, il ne peut en trouver de meilleur acquéreur que son bétail, et que, loin de faire de l'argent en les portant au marché, il épuise ainsi à plaisir chez lui la source des grandes fortunes agricoles. Alors, au lieu de vendre son foin, il achèterait des bestiaux, et la production combinée des fumiers et des racines mettrait la Brie en Flandre.

3º La charrue de Brie, ce vénérable monument des âges, n'a pas cessé de faire l'admiration des ouvriers agricoles : le laboureur exercé dès son enfance à manier cette lourde machine, la grandit par sa propre adresse tandis qu'il compromet l'araire par son inexpérience. Toutefois elle ne peut plus cacher ses graves défauts aux exploitations bien conduites et commence à céder le terrain à la charrue Pluchet, qui se recommande aux ouvriers agricoles par l'avant-train cher à leurs habitudes ; mais la dynamique condamne cet attirail, utile seulement dans des cas particuliers, comme elle condamne sans exception l'angle formé par l'insertion du versoir sur le soc et la disposition résistante du versoir. Le jour où chacun reconnaîtra que l'instrument du labour doit se borner à retourner la bande de terre et ne pas la pousser en avant, on ne sera pas loin de comprendre que l'axe du versoir formant un angle avec la ligne du sep produit un frottement qu'évite au contraire le parallélisme de ces deux points. Alors deux chevaux coûtant ensemble onze ou douze cents francs exécuteront le même labour que trois chevaux du prix de cent louis à mille écus; il se produira dans la force du tirage et dans la dépense de l'écurie une réduction qui donnera à elle seule ce résultat triomphant : économie d'un sixième dans le prix de revient des céréales.

4° La multiplication du bétail et son appropriation par des croisements raisonnés, aux différents services qu'on lui demande, constituent la partie de la science agricole sur laquelle nous sommes le plus en retard. Nous nous consolons en pensant que la Belgique et la Flandre, où l'agriculture anglaise a été à l'école et qui possèdent encore les meilleures charrues du monde, vont étudier aujourd'hui en Angleterre l'administration du bétail. C'est vrai, nous ne sommes pas seuls à manquer de lumières sur ce point; mais il faut, comme les autres nations chercher à nous éclairer et à nous tenir au courant des progrès de l'industrie. Quand notre vieille race de bêtes à laine a cessé de nous donner des profits, nous l'avons utilement remplacée par la race mérine : si la race mérine, à son tour, ne répond plus à nos soins, il faut lui substituer celle qui fournit les produits demandés par le commerce. En un mot, il faut profiter du temps où la paix étend son sceptre sur le monde, non pas seulement pour faire venir des bestiaux dont la merveilleuse appropriation au sol qui les a vus naître ne s'applique pas invariablement à nos ressources, mais pour envoyer nos enfants saisir chez nos voisins le secret de l'art lui-même qui fait leur supériorité. C'est là qu'est la véritable solution de la question des bestiaux et des laines. Le fils de fermier qui reviendra chez son père avec l'art de créer, dans la proportion des besoins et des propriétés du sol qu'il cultive, les races précoces qui fournissent le lait et la viande à bon marché ainsi que les laines que comportent les progrès de l'art mécanique, aura trouvé le moyen d'enrichir sa famille en servant son pays.

5° On peut varier sur le choix des assolements, sur celui des instruments : presque tout en agriculture est incertain ou relatif; il n'y a qu'une vérité absolue, c'est la nécessité d'une bonne comptabilité, et malheureusement, de toutes les vérités que nous venons d'exposer, c'est la moins comprise ou la moins appliquée. Encore si nous parlions ici de cette comptabilité commerciale qui décrit avec précision toutes les opérations de la ferme, on pourrait objecter qu'elle n'est pas indispensable. Mais nous entendons seulement celle qui se met à la portée de tous les cultivateurs et se contente de les

protéger contre toute méprise grave dans leurs spécula-
tions. Un livre de recette et de dépense tenu d'une manière plus ou moins exacte et qui constate, sans les expliquer, les révolutions du capital, c'est à peu près ce
que notre agriculture appelle sa comptabilité. Ainsi elle
sait grossièrement au bout de l'année ce qu'elle a gagné
ou perdu; mais ne lui demandez pas le compte séparé
de chacune de ses branches, car elle ne le connaît pas ;
aussi elle achète des vaches quand sa vacherie est en
perte, elle réduit son troupeau quand les moutons
donnent du bénéfice; donnera-t-elle la préférence à l'é-
lève ou à l'engraissement, aux racines ou aux plantes
commerciales? elle n'en sait rien, et si l'on excepte le
petit nombre d'opérations qui ne font pas question, elle
n'a que le choix entre la timidité qui paralyse l'inspiration et l'aveuglement qui conduit aux écueils.

Quelqu'un a dit: *Il n'y a pas d'agriculture profitable avec
une mauvaise administration, ni de bonne administration avec
une mauvaise comptabilité;* il faudrait graver ces paroles sur
la grande porte de tous les établissement agricoles. Est-
ce à l'oubli du principe qu'elles expriment que l'agriculture française doit attribuer le temps d'arrêt qu'elle
subit? nous le pensons. Mais nous croyons aussi qu'elle
peut suivre avec éclat la voie progressive où l'adoption
des prairies artificielles l'a portée, en appliquant les vérités que nous venons de vous exposer.

Car, si vous additionnez l'augmentation de moitié obtenue dans la masse des fumiers par une fabrication raisonnée, avec la diminution d'un tiers de la force de tirage provenant de l'adoption de la vraie charrue, le surcroît de puissance nutritive produit par la préparation intelligente des aliments qui protégerait l'élève ou l'engraissement sur une échelle immense, avec l'introduction des races dont la production et la précocité sont dans une proportion double ou triple des nôtres, la comptabilité, en éclairant votre ouvrage de ses rayons, vous révélera un résultat, si supérieur à toutes les prévisions, que vous le trouverez digne de satisfaire les vœux les plus étendus pour le développement de la richesse nationale.

En achevant notre tâche, messieurs, nous n'éprouvons pas la crainte d'avoir méconnu sa dignité. Tout en soumettant à un diligent et loyal examen les exploitations sur lesquelles notre attention a été appelée, nous ne nous sommes pas emprisonnés dans les inspirations de la localité, ni courbés sous le joug des intérêts de clocher, et nous n'avons jamais perdu de vue les liens qui unissent l'avenir de l'humanité à celui de l'agriculture.

Comme la liberté vient par l'aisance, et l'aisance par la production, nous rattachons toutes les espérances de la civilisation à l'agriculture; nos huit cents sociétés agricoles nous apparaissent alors comme des bataillons sacrés, comme une croisade de l'intelligence appelée à conquérir le bonheur des hommes, comme une sorte de magistrature chargée de faire justice de l'ignorance et de la barbarie et marquée du sceau de la protection divine. Si nous suivons, en effet, la marche des événements depuis la fin du siècle dernier, la Providence ne semble-t-elle pas nous ouvrir le livre de ses mystérieux décrets et le trésor des bénédictions qu'elle réserve à nos neveux ! Voyez comme le progrès s'avance ferme et rapide, voyez comme le flot de l'intelligence monte incessamment, comme chaque époque accomplit l'œuvre qui lui est assignée. La république élève la bourgeoisie à la liberté ; l'empire, dans les loisirs de la victoire, met les lois civiles en harmonie avec les conquêtes de la révolution ; la restauration nous façonne à l'exercice de tous ces droits, et le régime actuel reçoit la mission de délivrer les classes inférieures de la faim et de la servitude. Oui, de la servitude ! car, quelque parfaites que soient les lois, l'homme qui a faim n'est pas libre.

Or, si la science politique a raison d'enseigner que la liberté n'est autre chose que la faculté de développer son intelligence et de lui donner l'emploi le plus avantageux à chacun et à tous, le bien-être qui crée cette faculté est le premier pas vers la liberté ; si le revenu actuel de la France n'est que de huit milliards pour trente-cinq millions d'hommes, ou soixante-trois centimes par jour et par tête pour satisfaire à tous les besoins du corps et de l'esprit, il est clair qu'en supposant même le triomphe rigoureux de l'égalité, la promulgation de la loi agraire ne résoudrait pas le grand problème de notre siècle. Ce chimérique niveau que les tribuns ou les niais proposent encore de passer sur la société, ne donnerait donc que l'égalité de la misère. Pour que le peuple soit mieux nourri, mieux vêtu, élevé à la liberté réelle de son action, à la dignité du citoyen, pour que la société avance et que la révolution française s'achève, il n'y a qu'un moyen : augmenter la masse des revenus par l'intelligence du travail. C'est à la production et, par conséquent, à l'agriculture qui en crée les trois quarts, qu'il faut demander le progrès matériel et intellectuel. Quiconque néglige l'agriculture, néglige l'éducation, l'aisance, l'affranchissement des classes inférieures ; quiconque la méconnaît, méconnaît la révolution, la civilisation, la grande tâche imposée par la Providence à notre époque, l'avenir de la France et du monde.

A Dieu ne plaise, toutefois, que la chaleur de nos convictions nous rende suspects de donner dans l'hérésie qui, pour la plus grande gloire de l'agriculture, foule aux pieds l'intérêt du commerce. Nous avons sur les besoins de notre pays, des vues plus larges et plus libérales ; nous n'aimons l'agriculture elle-même que

comme le plus puissant mobile de la prospérité nationale, et nous repoussons toute solidarité avec ces esprits
étroits qui bâtissent sa fortune sur l'abaissement ou la
ruine de l'intérêt industriel proprement dit.

Que d'autres paient le commerce d'ingratitude, que
d'autres s'écrient que la France produit trop; nous ne
sommes pas de leur école, pas plus que de celle qui recule devant l'invasion de l'instruction populaire. A la production comme à l'instruction nous ouvrons les bras,
sans leur demander d'où elles viennent, comme aux
deux messagers que le ciel envoie aux hommes pour
leur annoncer qu'il est temps de sortir de la misère et
et de l'abjection.

L'industrie, messieurs, comprend, à nos yeux, toutes
les ressources du travail humain. Agricole, commerciale ou manufacturière, elle a droit à notre hommage,
et révèle à notre intelligence ses hautes destinées. Nous
l'avons vue à l'œuvre, pétrissant les sociétés modernes de
ses puissantes mains, et appelant à l'hérédité des aristo-
craties, filles de la guerre, les classes moyennes que le
travail seul enfante et soutient. N'est-ce pas elle qui a
abaissé les barrières des douanes allemandes? Plus
forte que Charles-Quint dans toute sa puissance, elle a
réuni dans un même intérêt, et poussera bientôt sous un
même drapeau des peuples que, malgré l'uniformité des
sentiments et du langage, l'intérêt dynastique tenait di-

visés depuis des siècles. Chaque jour elle intervient avec plus de poids dans le gouvernement des choses humaines. Ses affaires envahissent tout l'intérêt des communications internationales. Elle marche à si grands pas qu'elle semble toucher du doigt ce grand but des intelligences vraiment élevées, l'union de toutes les nations du monde.

Loin de nous donc toute complicité avec ses détracteurs ; nous pensons que l'union allemande est appelée à faire des prodiges, nous voulons croire que l'industrie est grosse de la paix universelle, et c'est par respect pour elle que nous demandons qu'on ne s'en tienne plus à de grands mots et à de vains hommages pour celle de ses branches qui s'appelle l'agriculture.

Cette fille aînée de la maison a reçu assez de compliments de la part des hommes d'état, elle a besoin d'une protection efficace, et demande qu'on ne se borne plus à reconnaître son existence et son utilité dans des discours d'apparat. *La république française*, disait le diplomate de Campo-Formio, *est comme le soleil, elle n'a pas besoin qu'on la reconnaisse, et malheur à qui ne la voit pas!* l'intérêt agricole est comme la république française.

FIN.

# ERRATA.

Page 21, ligne 9, au lieu de *sur le revenu brut*, lisez *sur le produit brut.*

Page 25, ligne 9, au lieu de *Iorck*, lisez *Yorck.*

Page 27, ligne 14, au lieu de *Iorck*, lisez *Yorck.*

Page 33, ligne 15, au lieu de *millions*, lisez *milliers.*

Page 46, ligne 15, au lieu de *rigole*, lisez *rigoles.*

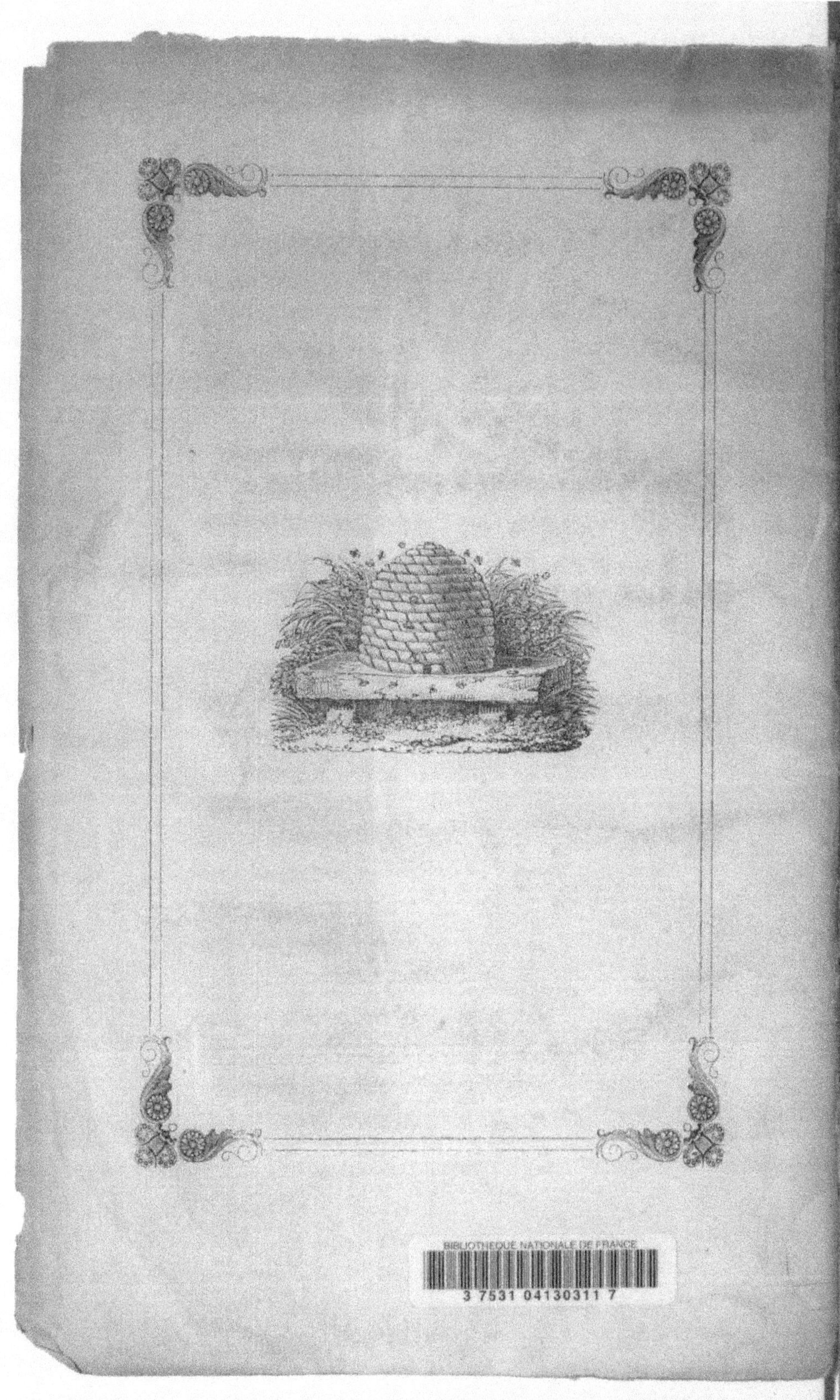

www.ingramcontent.com/pod-product-compliance
Ingram Content Group UK Ltd.
Pitfield, Milton Keynes, MK11 3LW, UK
UKHW031812170726
13836UKWH00003B/1354